때로는 맛있게!! 때로는 간편하게!!
때로는 분위기 있게!!

내가 가장
좋아하는 건강한

혼밥

내가 가장 좋아하는 건강한 혼밥……

1983년부터 2018년까지, 손으로 꼽아보니 요리 경력이 벌써 35년이 됐습니다. 그동안 조리사, 영양사, 교수, R&D까지 직업이 4번 바뀌었습니다. 1983년 8월, 서울 힐튼호텔 면접을 볼 때 사장님께서 "부엌데기"를 하겠느냐고 물으셨습니다. 조리사도 아니고 말이지요. 그 후 입사합격증을 받고 너무너무 좋아서 국립보건원에서 집까지 껑충껑충 뛰어갔던 기억이 납니다.

수습사원, 인턴 같은 용어는 있지도 않던 시절입니다. 일단 출근하면 정직원이 되었습니다. 그리고 받은 264,480원. 당시 입사지원서에 희망봉급을 적는 칸이 있어 26만 원을 적었더니 264,480원으로 봉급이 책정되었습니다.

힐튼호텔에서의 근무는 놀라움의 연속이었습니다. 홍콩 힐튼에서의 프로모션이 서울에서 이뤄지고, 귀하디귀한 식재료는 비행기를 타고 오고, 매일같이 메뉴가 바뀌고, 일주일마다 메뉴가 바뀌고 또 월마다 메뉴가 바뀌고……. 컨벤션 파티는 멋진 판타지였습니다.

당시 인천공단에서 영양사로 근무하고 있던 친구네 회사에 놀러 간 적이 있었습니다. 그곳 직원들의 식사 단가는 1,000원이 채 안 되었습니다. 고기는 쓰기가 어려워 고기 가루를 사용하여 식사를 만들었습니다. 그리고 2018년, 강산이 세 번 하고도 반 번 더 바뀌었습니다. TV, 축제, 방송 등지에서 요리가 대세가 되었습니다. 우리는 음식의 홍수 속에 살고 있습니다. 국적도 없는 퓨전이 대세입니다. 경기가 어려울수록 매운맛이 국민의 위를 접수한 것처럼 유행하고 음식 본연의 맛을 흐리는 캡사이신까지 가세하고 있습니다. 한쪽에서는 암 환자를 위한 건강보험 산업이 활발하고 한쪽에서는 매운맛에 열광하는 외식 산업이 흥하고 있습니다.

우리나라 외식의 문제점은 건강보다 맛에 지나치게 치중한다는 점입니다. 건강의 근원은 식생활입니다. 오이 파는 것을 볼 때 '아! 먹고 싶다!' 하고 뇌에서 명령을 내리나요, 아니면 삼겹살 굽는 냄새를 맡을 때 '아! 먹고 싶다!' 하고 뇌에서 명령을 내리나요? 오이가 건강에 좋은가요, 돼지기름이 건강에 좋은가요? 뇌는 우리 몸에 좋은 것에는 반응하지 않고 우리 몸에 들어오면 해로운 것에는 미친 듯이 날뛰며 그것을 먹으라고 요구합니다. 그리고는 혈관이 막히게 되겠지요.

앞으로 우리는 바뀌어야 합니다. 맛보다 내 몸의 위를 위하여, 내 몸의 소장을 위하여. 술을 좋아하시는 분은 내 몸의 간을 위하여, 담배를 좋아하시는 분은 내 몸의 폐를 위하여. 고생한다, 미안하다, 내 몸 속에 있어 줘서 고맙다, 그런 생각을 하며 간단하지만 맛있고 영양가 있는 요리를 만들어 자신에게 대접해보세요. 건강한 혼밥, 쉽게 하실 수 있습니다.

이 책을 통해 독자들을 만날 기회를 주셔서 나름대로 최선을 다했지만 오늘 이렇게 저를 소개하는 말을 쓰려니 부끄럽습니다. 좀 더 잘할걸……. 그런 마음입니다.

이 책을 보다가 궁금한 점이 있다면 제 이메일(je0749@korea.ac.kr)로 문의 주시면 감사하겠습니다.

크라운출판사 회장님과 직원 여러분들께 진심으로 감사드립니다.
감사합니다.

저자 오순덕 올림

3장. 나를 위한 힐링 푸드 My Healing Food

1장
희망이 있는 건강한 혼밥

Health Food

부대찌개

Sausage Stew

햄 200g | 소시지 70g | 두부
50g | 양파 40g | 청고추 20g |
홍고추 10g | 대파 30g | 부대
찌개용 콩(베이크드 빈) 80g |
치즈 1장 | 물(혹은 인스턴트
사골 육수) 3컵

양념장

고춧가루 12g | 마늘 5g | 간장 7g | 후춧가루 0.5g | 참기름
5g | 깨소금 5g | 소금 2g

만드는 방법

1 햄은 먹기 좋은 크기로 자르고, 소시지는 어슷하게 썬다.

2 두부는 2×3cm 크기, 대파는 0.7cm 두께로 어슷하게 썬다.

3 양념장 재료를 모두 섞어 양념장을 만들어 놓는다.

4 냄비에 식용유를 두르고 양념장과 대파를 넣는다.

5 (4)를 살짝 볶는다.

6 (5) 위에 치즈를 제외한 모든 재료를 돌려 담는다.

7 (6)에 물(혹은 사골육수)을 붓고 끓인다.

8 (7)이 끓으면 치즈를 얹는다.

※양념장은 만들어 1~2일 냉장 숙성을 해 놓으면 더 깊은 맛이 난다.

TIP

파 보관하는 방법
- 파를 씻지 않은 상태로 바람이 잘 통하는 곳에 세워둔다.
- 씻은 파는 종이에 싸서 세워둔다.

뚝배기 목살 청국장찌개

Rich Soybean Paste Stew

돼지고기 목살 100g | **배추김치** 100g | **식용유** 8g

부재료 1

표고버섯 16g | **두부** 30g | **청양고추** 10g | **양파** 40g | **대파** 10g | **다진 마늘** 5g | **물** 2컵

부재료 2

청국장 150g | **고춧가루** 3g | **소금** 약간

만드는 방법

1 돼지고기 목살과 두부, 표고버섯, 양파, 대파는 깍두기 형태 (1.5cm×1.5cm)로 썬다.

2 배추김치는 2cm 길이로 썰고, 청양고추는 1cm 폭으로 어슷하게 썬다.

3 뚝배기에 식용유를 두르고 돼지고기와 김치를 센 불에서 살짝 볶는다.

4 (3)에 부재료 1을 넣는다.

5 (4)를 중간 불에서 끓인다.

6 (5)에 부재료 2를 넣고 끓인다.

7 소금은 기호도에 따라 첨가한다.

TIP

식료품의 양

달걀 1개 = 50g | 국멸치(중간 것) 1개 = 1g | 청양고추(작은 것) 1개 = 6g | 꽁치 1캔 = 7조각 / 1조각당 = 40g | 생표고버섯 1개 = 17g | 양파(껍질 벗긴 것) 1개 = 210g | 대파(깐 것) 1개 = 70g | 명란(작은 것) 1개 = 50g

※버섯 된장찌개 : 된장 20g, 풋고추 30g, 마늘 5g, 파 10g, 기름 50g, 물 100㎖, 표고 10개

※우렁 된장찌개 : 다시마 가루 1큰술, 된장 3큰술, 육수 3컵, 다진 파 1작은술, 다진 마늘 1작은술, 고춧가루 1/2작은술

 • **뚝배기 목살 청국장찌개** Rich Soybean Paste Stew

김 달걀국

Egg Soup with Seaweed

마른 김 6g **ㅣ 양파** 20g **ㅣ 쪽파**
6g **ㅣ 달걀** 1개

육수

국멸치 6g **ㅣ 물** 2컵

양념

국간장 6g **ㅣ 다진 마늘** 3g **ㅣ 참기름**

만드는 방법

1 멸치는 머리와 내장을 제거한다.

2 (1)에 물 2컵을 넣고 물이 끓으면 중간 불로 줄여 끓인다.

3 불을 끄고 체에 밭친 후, 국물만 냄비에 다시 옮겨 담는다.

4 (3)을 끓이다가 마른 김을 찢어 넣고 김이 퍼지면서 풀리면
양파, 쪽파와 양념 재료를 넣는다.

5 달걀은 그릇에 풀어 (4)가 끓을 때 불을 중간으로 하고 퍼지
게 뿌린다.

※ 마른 김은 짙은 검은색에 윤기가 나며, 얇고 부드러우면서 파래가 약간
섞여 있는 것이 좋다.

※ 국물용 멸치 대신에 굴을 사용하여도 좋다.

TIP

국을 끓일 때 간 맞추는 시기

● **고기를 이용한 국을 끓일 때** : 고기가 거의 익었을 때 소금으로 간
을 맞추고 간장으로 색을 내야 국물이 구수하고 단맛이 난다.

● **생선을 이용한 국을 끓일 때** : 국물에 먼저 간을 맞추고 끓을 때 생
선을 넣어야 간이 배고 생선 살이 부스러지지 않고 단단해진다.

● **채소를 이용한 국을 끓일 때** : 소금과 간장, 된장으로 먼저 간을 맞
추고 국물이 끓으면 간을 완전히 맞추는 것이 좋다.

 • **김 달걀국** Egg Soup with Seaweed

꽁치 김치찌개
Saury Kimchi Stew

꽁치 통조림 120g | **김치** 200g | **설탕** 5g | **식용유** 10g | **물** 400g | **양파** 40g | **청양고추** 20g | **홍고추** 10g | **다진 마늘** 10g | **생강편** 5g | **미림** 5g | **고춧가루** 7g | **대파** 30g | **소금** 1.5g | **후춧가루** 1g

만드는 방법

1 김치는 4cm 길이로 자른다.

2 냄비에 식용유를 두르고 김치와 설탕을 약한 불에서 3분간 볶는다.

3 (2)에 물을 붓고 양파, 청양고추, 홍고추를 넣고 끓인다.

4 (3)에 꽁치와 다진 마늘, 생강편, 미림, 고춧가루를 넣고 다시 끓인다.

5 (4)에 대파를 넣고 소금으로 간을 맞춘 후 후춧가루를 뿌린다.

TIP

- 김치로 끓이는 찌개는 김치를 잘 볶아야 맛있다.
- 통조림 꽁치를 사용할 때는 생강과 술을 조금 넣고 뚜껑을 열고 끓여야 특유의 냄새를 제거할 수 있다.

쇠고기 미역국

Beef Seaweed Soup

쇠고기 50g | **다진 마늘** 2g |
간장 6g | **참기름** 1g | **건 미역**
5g(불리면 45g) | **참기름** 4g |
물 500g | **국간장** 4g | **소금** 1g

만드는 방법

1 미역은 찬물에 불렸다가 4~5cm로 썬다.

2 쇠고기는 얇게 편으로 썰어 다진 마늘, 간장, 참기름(1g)으
로 양념한다.

3 냄비에 참기름(4g)을 두르고 (1)과 (2)를 넣고 2분 정도 볶
는다.

4 (3)에 물을 붓고 강한 불에서 푹 끓인다.

5 (4)에 국간장과 소금으로 간을 하고 그릇에 담는다.

※ 미역국은 오래도록 푹 끓여야 비린내가 나지 않고 맛이 좋다.

갈닭탕
Chicken Galbi Soup

쇠갈비 500g | **닭** 1마리(700g)
| **대파** 60g | **마늘** 30g | **대추** 2
개 | **깐 밤** 3개

만드는 방법

1 갈비는 찬물에 담가 핏물을 뺀다(1번에 2분 정도 담가 3회
이상 물 교체).

2 끓는 물에 (1)을 넣고 냄비 윗면에 거품이 부글부글 생길 때
체에 밭쳐 찬물에 헹군 후 다시 냄비에 담는다.

3 (2)와 대파, 마늘, 대추, 밤, 물 10컵을 넣고 15분 정도 끓인
후 닭을 넣고 강한 불에서 15분, 중간 불에서 15분, 약한 불
에서 15분 끓인다.

4 탕 그릇에 (3)을 담고 소금, 후춧가루는 기호에 맞게 첨가
한다.

북어 해장국
Dried Pollock Soup

말린 북어 채 30g **| 참기름** 7g
| 물 4컵 **| 두부** 50g **| 대파** 15g
| 마늘 7g **| 청양고추** 5g **| 간
장** 3g **| 소금** 3g

1 북어는 찬물에 씻어 살만 결대로 찢는다.

2 냄비에 참기름을 두르고 (1)을 중간 불에서 볶는다.

3 (2)에 물 4컵을 넣고 은근히 끓여준다.

4 (3)에 두부를 넣고 끓이다가 대파, 마늘, 청양고추를 넣고 끓인다.

5 소금과 간장으로 간을 하고 국그릇에 담는다.

새싹 명란젓 비빔밥

Sprout Bibimbap with Cod Roe

밥 140g | **각종 새싹** 10g | **깻
잎** 10g | **상추** 15g | **토마토**
50g | **명란** 40g | **깨소금** 3g
| **참기름** 5g

초고추장

고추장 27g | **식초** 14g | **레몬
즙** 5g | **설탕** 5g | **물엿** 6g | **다진 마늘** 1g

만드는 방법

1 각종 새싹들은 종류별로 깨끗이 씻은 후 건져서 물기를 뺀다.

2 깻잎과 상추는 곱게 채 썬다.

3 토마토는 꼭지 부분을 잘라내고 깍둑 형태(1cm×1cm×1cm)로 썬다.

4 그릇에 밥을 담고 채소를 색 맞추어 담아낸다.

5 (4) 위에 명란젓을 한입 크기로 썰어 올린다.

6 깨소금, 참기름, 초고추장을 입맛에 따라 넣는다.

※ 회와 함께 초고추장, 깨소금, 참기름을 넣어 비벼 먹으면 회덮밥 느낌을 낼 수 있다.

꼬막 비빔밥

Cockle Bibimbap

밥 140g | 꼬막살 120g | 소
금 18g

양념장

간장 10g | 고춧가루 3g | 다
진 양파 5g | 송송 썬 쪽파 2g
| 청양고추 1g | 다진 마늘 1g
| 깨소금 1g | 참기름 2g

만드는 방법

1 꼬막은 깨끗이 씻어 물 3컵에 소금 18g을 넣고 해감한다.

2 끓는 물에 꼬막을 넣은 후 냄비 뚜껑을 닫지 말고 끓이다가 다시 끓기 시작하면서 조개 입이 벌어질 때 냄비 뚜껑을 닫고 불을 끈 후 2~3분간 둔다.

3 꼬막 입이 다 벌어지면 건져서 작은 수저로 하나하나 긁어내 듯이 속살을 꺼낸다.

4 양념장 재료를 모두 섞는다.

5 (3)에 (4)를 넣고 섞는다.

6 (5)에 밥과 참기름을 넣고 비벼서 그릇에 담는다.

7 (6) 위에 송송 썬 쪽파를 뿌려준다.

※ 꼬막은 미지근한 물에서 은근히 삶아야 쫄깃하고 맛있다.

TIP

꼬막은 폐기율이 높다. 꼬막은 껍질이 70%, 속살은 30% 정도이다. 그러므로 꼬막살이 120g 필요하면 꼬막을 400g 정도 구매한다.

꽈리고추 돼지고기 잡채

Pork Shishito Pepper Jabchae

꽈리고추 70g ∣ 돼지고기 불
고기감 200g ∣ 양파 40g ∣ 마
늘 4g ∣ 식용유 1큰술

🍶 양념장

굴 소스 25g ∣ 설탕 8g ∣ 참기
름 3g ∣ 통깨 2g ∣ 후춧가루
0.5g

만드는 방법

1 양파는 1cm 두께로 썰고, 마늘은 편 썬다.

2 돼지고기는 두께 1cm로 채를 썬다.

3 양념장 재료를 모두 섞는다.

4 팬에 식용유를 두르고 뜨거워지면 (1)을 볶는다.

5 (4)에 (2)를 넣고 볶는다.

6 (5)의 돼지고기가 살짝 익으면 꽈리고추와 양념장을 넣고 볶
는다.

7 (6)에 참기름과 깨를 넣고 마무리하여 접시에 담는다.

※ 돼지고기 불고기감은 물에 헹군 후 체에 밭쳐 물기를 빼고 사용한다.

※ 팬에 볶을 때 고기가 너무 익은 후 양념장을 넣으면 고기 맛이 싱거워
진다.

무말랭이 오징어 젓갈 무침

Seasoned Dried Radish Strips and Fermented Squid

무말랭이 200g ┃ 오징어 젓
갈 100g ┃ 대파 10g ┃ 쪽파 10g

양념장 1

고춧가루 8g ┃ 다진 마늘 2g ┃
설탕 5g ┃ 물엿 20g ┃ 깨소금
2g ┃ 참기름 3g ┃ 간장 2g

양념장 2

참기름 3g ┃ 깨소금 3g

만드는 방법

1 양념장 1의 재료를 모두 섞어 양념장을 만든다.

2 쪽파는 깨끗이 씻은 후 0.5cm 길이로 송송 썬다. 대파는 원
형으로 0.2cm 두께로 썬다.

3 무말랭이와 오징어 젓갈을 섞은 후 (1)과 대파를 넣고 섞
는다.

4 (3)에 양념장 2를 넣고 잘 섞은 후 그릇에 담는다.

5 (4) 위에 쪽파를 솔솔 뿌린다.

더덕구이

Grilled Codonopsis Lanceolata

더덕(중간 크기) 150g

소금물
물 1컵 | 소금 2g

유장
참기름 10g | 간장 4g

양념장
고추장 30g | **다진 파** 7g | **다진 마늘** 3g | **간장** 2g | **설탕** 10g | **참기름** 2g | **깨소금** 2g

만드는 방법

1 더덕은 껍질을 돌려가며 벗겨 5cm 길이로 썬 다음 소금물에 담가 쓴맛을 제거한다.

2 (1)은 세로로 갈라 밀대로 누르며 밀어 부드럽게 만든다.

3 양념장 재료를 모두 혼합하여 양념장을 만든다.

4 (2)에 유장을 바른다.

5 석쇠를 달군 후 석쇠 위에 (4)를 올려 중간 불에서 굽는다.

6 (5)에 양념장을 바르고 살짝 구워 접시에 담는다.

연근 메추리 알 조림

Lotus Root and Quail Egg Boiled in Soy Sauce

연근 100g | 메추리 알 30개 |
대파 50g | 청양고추 30g | 참
기름 2g

진간장 50g | 설탕 25g | 미림
30g | 물 120g | 물엿 35g

1 연근은 껍질을 벗겨 0.5cm 두께로 썬 후 소금물에 담근다.

2 끓는 물에 연근을 넣어 중간 불에서 부드러워질 때까지 삶
   는다.

3 메추리 알은 끓는 물에 10분 정도 삶아 찬물에 담갔다가 껍
   질을 벗긴다.

4 냄비에 연근과 메추리 알, 대파, 청양고추를 넣고 양념장 재
   료를 혼합하여 넣는다.

5 (4)를 강한 불에서 끓이다가, 끓기 시작하면 불을 중간으로
   낮춰 조리다가 윤기가 나면 약한 불에서 조린다.

6 참기름을 살짝 뿌려서 그릇에 담는다.

마른 김 무침

Seasoned Dried Seaweed

생김 10g(4장) | **쪽파** 7g

양념장 1

간장 3g | **설탕** 2g | **다진 마늘** 2g

양념장 2

깨소금 3g | **참기름** 4g | **물엿** 5g

만드는 방법

1 쪽파는 2cm로 썰어 끓는 소금물에 살짝 데치고 살짝 물기를 짠다.

2 김은 2장씩 석쇠로 살짝 굽는다.

3 구운 김은 비닐봉투에 넣어 잘게 뜯어 놓는다.

4 쪽파와 양념장 1을 버무린 후 그것에 (3)과 양념장 2를 넣고 무친다.

5 접시에 담아낸다.

버섯 장조림

Mushroom Boiled in Soy Sauce

미니 새송이버섯 100g | 표
고 60g | 만가닥버섯 60g | 대
파 50g | 청양고추 25g | 홍고
추 13g

양념장

간장 45g | 물 120g | 설탕 20g
| 미림 30g

1 버섯은 먹기 좋은 크기로 손질한다.

2 끓는 물에 버섯을 2분 정도 살짝 데쳐낸다.

3 양념장을 냄비에 넣고 끓인다.

4 데쳐낸 버섯, 대파를 넣고 조린다.

5 국물이 반으로 줄었을 때 청양고추와 홍고추를 넣고 약한 불
에서 조린다.

6 국물이 2큰술 정도 남았을 때 기호에 따라 물엿이나 간장으
로 맛을 조절한 후 불을 끄고 접시에 담는다.

TIP

● 장조림 만들 때 깐 밤을 넣어 같이 조려도 매우 좋다.

참치캔 무조림
Boiled Canned Tuna and Daikon Radish

참치캔 210g | 무 140g | 청양
고추 10g | 홍고추 5g | 양파
40g | 대파 20g

양념장

간장 15g | 고춧가루 10g | 설
탕 10g | 다진 마늘 10g | 물
400g

만드는 방법

1 참치캔은 체에 밭쳐 건더기와 국물을 분리한다.

2 무는 원형을 사등분하여 1cm 두께로 썬다.

3 청양고추와 홍고추, 양파, 대파는 어슷하게 썬다.

4 무에 물을 넣고 강한 불에서 끓이다가 중간 불로 국물이 반
  정도 졸 때까지 끓인다.

5 (4)에 양념장을 넣고 끓인다.

6 (5)에 참치살을 넣고 청양고추와 홍고추, 양파, 대파를 넣
  는다.

7 (6)이 끓으면 중간 불에서 은근히 조린다.

8 그릇에 담아낸다.

김치 고등어조림

Braised Kimchi and Mackerel

고등어 1마리 ┃ **무** 250g ┃ **김치** 450g ┃ **물** 500g ┃ **양파** 40g ┃ **청양고추** 10g ┃ **홍고추** 10g

양념장

고추장 30g ┃ **고춧가루** 15g ┃ **간장** 10g ┃ **마늘** 6g ┃ **물엿** 15g ┃ **후춧가루** 0.5g

만드는 방법

1 고등어는 내장을 빼고 깨끗이 씻어 두 토막 낸다.

2 무는 도톰하게 썰고, 청양고추와 홍고추, 대파는 어슷하게 썬다.

3 양념장 재료를 혼합한다.

4 냄비 바닥에 무와 김치를 깐다.

5 (4)에 물을 넣고 팔팔 끓인다.

6 고등어와 채소를 얹고, 양념장 양의 2/3를 고루 끼얹어 중간 불에서 끓인다.

7 국물이 반으로 졸면 나머지 양념장을 고등어 위에 뿌리고, 조림 국물을 자주 끼얹어가며 약한 불에서 조린다.

미니 갑오징어 꼬치

Mini Cuttlefish Skewers

미니 갑오징어 120g | 대파 50g | 식용유 5g | 산적용 대나무 꼬치 5개

양념장

진간장 17g | 미림 20g | 다진 마늘 2g | 다진 대파 4g | 참기름 2g | 깨소금 2g | 후춧가루 0.5g

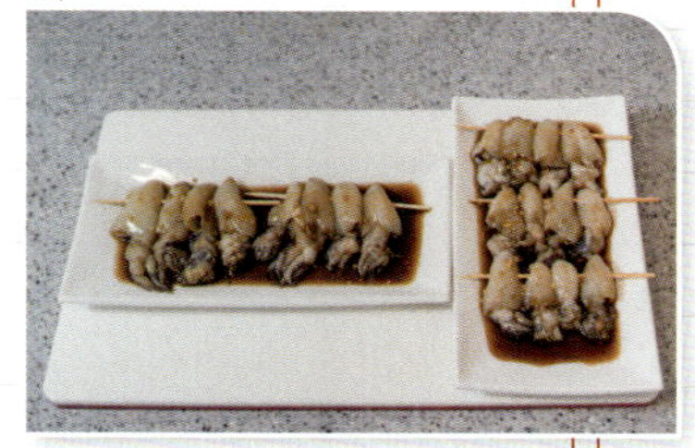

만드는 방법

1 갑오징어는 깨끗이 손질한다.

2 양념장 재료를 모두 혼합하여 (1)과 무치고 30분 정도 양념이 배도록 둔다.

3 대파는 5cm로 토막내어 배를 갈라 곱게 채를 쳐서 찬물에 잠깐 헹구고 물기를 제거하여 접시에 깐다.

4 (2)를 산적용 꼬치에 끼운다.

5 팬에 식용유를 두르고 (4)를 노릇하게 구워 (3) 위에 얹는다.

※ 살짝 삶아 채소와 함께 샐러드로 곁들여도 좋다.

TIP

음식을 만들 때 양념 순서

- 일반적인 방법

  설탕 〉 조리용 술 〉 소금 · 식초 〉 간장 · 다시다류

- 약한 불에서 오랜 시간 조리거나 생채인 경우

  설탕 〉 소금 〉 식초 〉 간장 〉 된장 〉 다시다류

꽃게 무침
Seasoned Crab

꽃게 3마리 | 깐 밤 50g | 홍고추 20g | 청양고추 20g | 통마늘 15g | 실파 10g

양념장

고춧가루 45g | 간장 13g | 국간장 32g | 양파즙 10g | 설탕 15g | 물엿 60g | 깨소금 8g | 청주 3g | 다진 마늘 4g | 다진 생강 3g | 고추장 8g | 참기름 3g | 후춧가루 0.5g

밑간

식초 10g | 생강즙 10g | 청주 10g

만드는 방법

1. 꽃게는 살아있는 것으로 하여, 흐르는 물에 배꼽과 다리 사이를 솔로 깨끗이 씻은 후 비닐팩에 넣고 1~2시간 정도 냉동고에 넣어 기절시킨다.

2. 살짝 언 꽃게의 배딱지와 껍데기를 뗀 후 껍데기의 내장은 따로 놔둔다. 꽃게의 다른 끝 한 마디를 가위로 자르고, 다리와 몸체를 붙인 채 각각 잘라 토막을 낸다. 손질을 마친 꽃게는 밑간 재료에 버무린 다음 체에 밭쳐 물기를 뺀다.

3. 양념장 재료를 모두 섞어 양념장을 만든다.

4. 청양고추와 홍고추는 1cm 두께로 어슷하게 썰고, 실파는 2cm 길이로 썬다.

5. (2)와 (3)과 (4)를 모두 섞어 냉장고에서 15분 정도 숙성시킨 후 그릇에 담는다.

※ 무침용 꽃게는 가을에 나는 수꽃게를 사용하는 것이 맛있다.

미나리 쭈삼 볶음

Stir Fried Small Octopus and Pork Belly with Water Cress

쭈꾸미 250g ┃ 밀가루 10g ┃
삼겹살 200g ┃ 미나리 20g ┃
청양고추 20g ┃ 홍고추 20g ┃
대파 30g

양념장

고추장 35g ┃ 고춧가루 8g ┃
다진 파 5g ┃ 다진 마늘 3g ┃ 청주 4g ┃ 설탕 6g ┃ 물엿 8g ┃
후춧가루 0.5g ┃ 깨소금 2g ┃ 참기름 3g ┃ 간장 2g

만드는 방법

1 쭈꾸미에 밀가루를 뿌려 색깔이 탁해지도록 주무른다.

2 (1)에 물을 넣고 뽀얗게 2분 정도 담갔다가 흐르는 물에 씻고 건져낸다.

3 (2)에 소금을 뿌려 박박 씻고 나서 흐르는 물에 씻는다.

4 끓는 물에 (3)을 넣고 2분간 삶아낸다.

5 삼겹살은 3cm 크기로 썰고, 청양고추, 홍고추, 대파는 1cm 두께로 어슷하게 썬다.

6 양념장 재료를 고루 섞어 양념장을 만든다.

7 팬에 식용유를 두르고 삼겹살을 넣어 익힌다. 팬에 닿은 고기의 표면이 익으면 뒤집어서 볶다가 (4), (5), (6)을 넣는다.

8 (7)의 재료가 골고루 혼합되도록 볶아 그릇에 담아낸다.

※ 쭈꾸미, 삼겹살, 미나리와 함께 삼합으로 먹으면 맛이 새롭다.

복분자 소스 곁들인 도토리묵

Acorn Jelly with Korean Raspberry Sauce

도토리묵 150g **청포묵** 150g
새싹채소 15g

양념장

복분자 원액 18g **간장** 14g
설탕 5g **식초** 5g **레몬주스**
4g **깨소금** 2g **참기름** 1.5g
다진 파 4g **다진 마늘** 2g **고춧가루** 3g

만드는 방법

1 묵은 덩어리째 찬물에 씻은 후 먹기 좋은 크기로 등분하여 썰어 1cm 두께로 썬다.

2 양념장 재료를 모두 섞어 양념장을 만든다.

3 (1)은 접시에 담고 새싹을 얹어 양념장을 곁들여 낸다.

닭조림
Braised Chicken

닭고기 300g ┃ 당근 30g ┃ 홍
고추 30g ┃ 청양고추 20g ┃ 대
추 2개 ┃ 깐 밤 40g

양념장

다진 대파 8g ┃ 다진 생강 2g ┃
간장 30g ┃ 설탕 16g ┃ 후춧가
루 0.5g ┃ 깨소금 1g ┃ 참기름 4g ┃ 물 1½컵

만드는 방법

1 토막낸 닭은 물에 담가 핏물을 뺀 뒤 칼집을 넣는다.

2 냄비에 물을 담고 물이 끓어오르면 (1)을 넣고 50% 정도 익혀 건진다.

3 냄비에 (2)와 당근, 양념장(⅔ 분량), 물을 넣고 끓인다.

4 당근이 반쯤 익으면 남은 양념장(⅓ 분량)과 나머지 재료(홍고추, 청양고추, 대추, 깐 밤)를 넣고 중간 불에서 조린다.

2장
편의점 집밥
Convenience Store Meal

3분 미트볼 리소토

Meatball Risotto

미트볼 150g | **햇반** 170g | **모차렐라 치즈** 30g | **양파** 40g | **대파** 15g | **식용유** 5g(1작은술)

1 미트볼과 밥은 제품 설명서에 따라 데운다.

2 양파와 대파는 굵게 다져 팬에 식용유를 두르고 볶는다.

3 (2)에 (1)을 넣고 볶는다.

4 (3)을 오븐용(전자레인지용) 그릇에 담고 위에 모차렐라 치즈를 얹는다.

5 (4)를 오븐이나 전자레인지에 3분 돌린다.

소라 와사비 냉파스타

Cold Pasta with Conch Wasabi

소라 와사비 80g ǀ **스파게티
면** 70g ǀ **올리브유** 15g(1큰술)
ǀ **소금** 8g(2작은술) ǀ **물** 800㎖
(4컵) ǀ **양파** 30g ǀ **실파** 3g

만드는 방법

1 물이 끓으면 물 양의 1%로 소금을 넣는다.

2 스파게티면은 부채처럼 펼쳐넣고 젓가락으로 한 방향으로 저어 물속에 잠수시킨다.

3 면끼리 서로 붙지 않도록 올리브유를 넣는다.

4 면을 한 가락 건져 잘라보았을 때 가느다란 심이 남아 있는 상태가 알덴테(Al' Dente)이다.

5 면을 체에 밭쳐 물기를 빼고 접시에 담는다.

6 양파는 채를 썰어 소라 와사비와 버무린다.

7 (5) 위에 (6)을 올려 담고 송송 썬 실파를 뿌려 완성한다.

TIP

● 삶은 스파게티면에 가능한 한 올리브유나 버터를 바르지 않는 것이 좋다. 섭취 칼로리가 증가하기 때문이다.

편의점 보쌈 규동

Kyudong

편의점 보쌈 수육 320g | **햇
반** 210g | **달걀** 1개 | **양파** 30g
| **실파** 3g

간장소스

간장 8g(1작은술) | **미림** 8g(1
작은술) | **설탕** 6g(1작은술)

1 보쌈과 밥을 제품 설명서에 따라 데운다.

2 큰 그릇에 밥을 담고 보쌈을 돌려 담는다.

3 양파는 채 썰고, 실파는 송송 썰어 (2)에 올려 놓는다.

4 달걀노른자를 중앙에 올린다.

5 간장소스(간장 8g, 미림 8g, 설탕 6g)를 곁들여낸다.

※편의점 가쓰오 우동 컵라면 간장을 사용하여도 좋다.

삼각김밥 전

Triangular Gimbap Pancake

삼각김밥 2개 | **달걀** 1개 | **식
용유**

만드는 방법

1 포장을 뜯은 삼각김밥을 그릇에 담아 으깬다.

2 (1)에 달걀을 깨서 넣고 섞는다.

3 팬에 식용유를 두르고 (2)를 한 수저 얹고 납작하게 편 후 반
  쯤 익으면 뒤집어 지져낸다.

※ 삼각김밥 전에 사용하는 삼각김밥은 '고추장불고기 삼각김밥' 혹은 '전주
  비빔밥 삼각김밥'을 이용하는 것이 좋다.

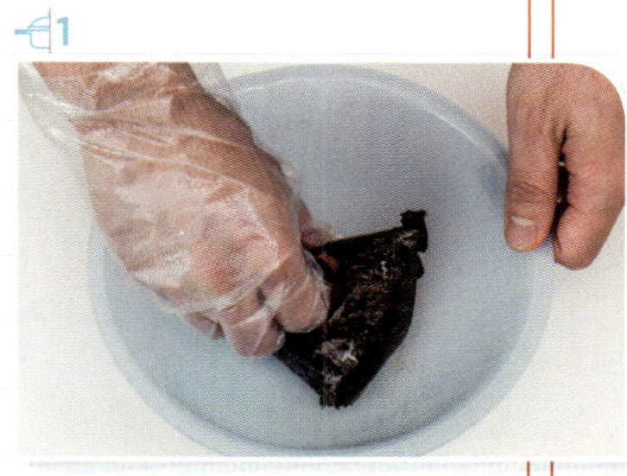

중국식 게살 수프
Crab Meat Soup

크래미 게살 140g | 인스턴트
쇠고기 뭇국 500g | 달걀 1개
| 전분 20g

1 크래미 게살을 먹기 좋게 찢는다.

2 쇠고기 뭇국을 냄비에 넣고 (1)을 넣는다.

3 (2)가 끓으면 물전분(전분 20g+찬물 20g)을 천천히 넣으면서
국자로 저어준다.

4 수프 그릇에 담아낸다.

※ 쇠고기 뭇국 이외에 다른 종류의 레토르트 국을 사용하여도 좋다.

※ 물전분은 전분과 찬물을 1:1로 혼합한다. 여기서는 전분 2큰술에 찬물 2큰술을 혼합하여 사용한다.

홈메이드 미트 타코

Homemade Meat Taco

토르티야 | **햄버그스테이크**
152g | **옥수수 통조림** 110g |
체더치즈

만드는 방법

1 토르티야를 프라이팬에 살짝 굽는다.

2 햄버그스테이크는 팬에 넣고 열을 가한 후 잘게 썬다.

3 (1)은 고깔 형태로 반으로 접은 후에 한번 더 접어 컵에 담는다.

4 (3)의 고깔 중앙에 (2)와 치즈(¼장), 옥수수 통조림(1작은술)을 넣는다.

김치 풀드 포크 번

Pulled Pork Kimchi Bun

모닝롤 3개 | **체더치즈** 3장 |
볶음 김치 100g | **장조림** 1캔

만드는 방법

1 모닝롤은 반으로 갈라 팬에 살짝 굽는다.

2 장조림은 팬에 넣고 살짝 볶는다.

3 모닝롤(½) 위에 체더치즈를 얹고, (2)와 볶음 김치를 올리고
  나머지 빵(½)으로 덮는다.

※ 모차렐라 치즈나 스트링 치즈를 사용하여도 좋다.

바나나 초콜릿 카나페

Banana Chocolate Canape

참크래커 56g | **바나나** 150g |
마스카르포네 치즈 250g | **스
니커즈** 51g | **가나초콜릿** 70g
| **호두** 원하는 만큼

만드는 방법

1 바나나는 둥근 형태의 0.5cm 두께로 썬다.

2 참크래커에 마스카르포네 치즈를 바르고 잘게 부러뜨린 스니
커즈와 (1)을 올린다.

3 중탕한 초콜릿을 짤주머니에 담아 (2)의 크래커 위에 지그재
그로 짜준다.

4 호두를 잘게 썰어 (3) 위에 뿌려준다.

※ 호두 대신 아몬드나 땅콩 같은 견과류를 사용하여도 좋다.

※ 마스카르포네 치즈 대신 크림치즈를 사용하여도 좋다.

티라미수

Tiramisu

에그 **카스텔라** 2봉지(95g×2
=190g) | **마스카르포네 치즈**
80g | **커피(아메리카노)** 390㎖
| **달걀노른자** 40g | **설탕** 50g
| **젤라틴(찬물에 담근다)** 3g
| **생크림** 120g | **카카오 파우
더** 약간

만드는 방법

1 카스텔라(2개)는 윗부분이 평평하도록 가로로 썰어낸다.

2 카스텔라 1개당 커피(아메리카노) 3~4큰술씩을 적신 후 냉
 장고에 넣어 차게 식힌다.

3 볼에 달걀노른자와 설탕을 넣어 따뜻한 물에 중탕하고 거품
 기로 계속 저어 거품을 만든다.

4 마스카르포네 치즈를 거품기로 저어 부드럽게 한다.

5 (3), (4), 녹인 젤라틴을 함께 섞고 생크림을 두 번으로 나누
 어 넣으면서 혼합한다.

6 (2)의 카스텔라에 (5)의 크림을 바르고 나머지 카스텔라를
 2층으로 올려 다시 윗부분과 옆면에 (5)의 크림을 바른다.

7 카카오 파우더를 체에 넣고 (6) 윗면에 골고루 뿌려 마무리
 한다.

편의점표 퐁듀

Fondue

체더치즈 5장 | **모차렐라 치
즈** 50g | **스트링 치즈** 25g |
우유 200㎖ | **프레첼** 85g | **계
란과자** 70g | **젤리** 100g | **러
스킷** 21g | **호두** 25g | **초콜
릿** 70g

1 초콜릿은 그릇에 담아, 냄비에 물을 넣고 그 안에 넣어 중탕
시켜 녹인다. 되직해지면 우유를 넣어준다.

2 치즈 3종류(체더, 모차렐라, 스트링 치즈)를 그릇에 담아, 냄
비에 물을 넣고 그 안에 넣어 중탕시켜 녹인다. 되직해지면
우유를 넣어준다.

3 그릇에 과자류 등을 담고 (1)과 (2)를 곁들여 낸다.

4 포크에 꽂아 소스에 찍어 먹는다.

※ 치즈, 초콜릿 퐁듀의 농도는 우유로 맞춘다.

※ 기호에 맞는 빵, 떡, 과일을 추가하여도 좋다.

3장 나를 위한 힐링 푸드
My Healing Food

슈림프 칵테일
Shrimp Cocktail

새우 5마리 ┃ **양파** ┃ **셀러리** ┃
당근 각각 10g씩 ┃ **양상추** 20g
┃ **그린 비타민** 8g ┃ **레몬** 8g

칵테일 소스

토마토케첩 17g(1큰술) ┃ 레
몬 3g(1작은술) ┃ **소금** ┃ **후춧가루**

만드는 방법

1 새우는 새우등 2번째 칸에 이쑤시개를 넣어 내장을 제거한다.

2 냄비에 물(3컵)과 채를 썬 채소(양파, 셀러리, 당근)를 넣고 끓으면, 새우를 넣고 새우살이 탄탄해지도록 70초간 삶고 바로 얼음물이나 찬물에 담근다.

3 (2)의 새우 껍질을 제거한다.

4 상추는 한입 크기로 찢어 칵테일 그릇에 담는다.

5 칵테일 소스 재료를 혼합하여 칵테일 소스를 만든다.

6 (4) 위에 (3)을 올리고 그린 비타민과 소스를 얹고 레몬으로 장식한다.

TIP

※ 칵테일 소스 만드는 법

- 케첩에 레몬즙을 넣고 잘 섞어준다.
- 소금, 후춧가루로 간을 한다(홀스래디시를 약간 넣어주어도 좋다).
- 소스는 주로 3:1 비율로 혼합하면 좋다.

홈메이드 미니 햄버거

Homemade Mini Burger

미니 **햄버거빵** 2개 | **양상추** 20g | **토마토** 30g | **슬라이스 치즈** 20g | **햄버거용 패티** 2개

햄버거용 패티 (2개 분량)

다진 **쇠고기** 80g | **양파 다져 볶은 것** 15g | **셀러리 다져 볶은 것** 15g | **빵가루** 8g | **달걀** 2작은술 | **소금** 1g | **후춧가루** 0.5g

만드는 방법

1 토마토와 양상추는 흐르는 물에 씻는다.

2 햄버거용 패티 재료를 모두 혼합하여 치대고 동그랗게 빚어 팬에 굽는다.

3 쇠고기가 90% 정도 익었을 때 치즈를 올려 쇠고기 위에서 녹인다.

4 반으로 자른 버거 빵에 버터를 발라 팬에 살짝 굽는다.

5 상추는 빵 크기에 맞게 손으로 찢는다.

6 토마토는 0.5cm 두께로 썬다.

7 구운 버거 빵(4) 위에 양상추 → 토마토 → 고기 & 치즈(3) 순으로 올린 후 나머지 버거 빵으로 덮어준다.

※ 기호에 따라 피클, 양파를 빵 사이에 넣어도 좋다.

TIP

햄버거용 패티 만드는 법

- 햄버거용 쇠고기 패티 재료를 혼합하여 치대어준다.
- 햄버거빵보다 약간 큰 사이즈로 동글납작하게 빚는다.

망고 토마토 샌드위치

Mango Tomato Sandwich

호밀빵 1개 | **샤워크림** 15g |
토마토 40g | **망고** 30g | **치커
리** 15g

1 토마토는 0.5cm 두께로 썬다.

2 망고는 껍질을 벗기고 살을 도려내 얇게 썬다.

3 호밀빵은 반으로 갈라 샤워크림을 바르고 치커리 → 토마토
　→ 망고 순으로 얹는다.

아보카도 그뤼에르 치즈 오픈 샌드위치

Avocado Gruyere Cheese Open Sandwich

아보카도 80g ┃ **그뤼에르 치
즈** 30g ┃ **달걀** 1개 ┃ **어린
잎채소** 8g ┃ **바게트** 2조각
(16g×2=32g)

소스

토마토케첩 19g(1큰술) ┃ **마
요네즈** 5g(1작은술)

만드는 방법

1 바게트는 1cm 두께로 어슷하게 썬다.

2 그뤼에르 치즈는 0.3cm 두께로 썬다.

3 (1)에 소스 재료를 혼합하여 바르고 아보카도(껍질을 벗긴 후
얇게 썬 것) → (2) → 달걀(삶아서 얇게 썬 것) → 어린잎채
소 순으로 올린다.

※ 달걀은 끓는 물에 잠수시켜 13분 삶아 얼음물(혹은 찬물)에 담가 식힌 후
0.5㎝ 두께로 썬다.

햄 치즈 크로크므시외

Ham and Cheese Croque Monsieur

식빵 2장 | 슬라이스 햄 14g(2장) | 그뤼에르 치즈 40g | 버터 약간 | 어린잎채소 20g

밀가루 15g | 버터 15g | 따뜻한 우유 1컵 | 소금 | 후춧가루

올리브유 15g | 레몬즙 5g | 설탕 6g | 소금 | 후춧가루 약간

1 식빵의 가장자리를 자른다.

2 (1)에 버터를 바르고 햄 → 베샤멜소스 → 그뤼에르 치즈 → 빵 순서로 올린다.

3 (2)를 팬에서 매우 약한 불로 3분간 굽는다.

4 접시에 (3)을 담아내고 채소와 드레싱을 곁들인다.

※ 흰색의 소스를 만들 때 후춧가루는 흰 후춧가루를 사용하는 것이 좋다. 검은 후춧가루는 음식이 완성되고 나서 검은 점처럼 보이기 때문이다.

※ 생선전을 만들 때도 포를 뜬 생선 살에 소금과 후춧가루를 뿌릴 때 흰 후춧가루를 사용하는 것이 좋다.

TIP

베샤멜소스 만드는 법

- 팬에 버터를 넣고 약한 불에서 녹인 후 밀가루를 넣고 하얀색을 유지하며 저어준다.
- 따뜻한 우유를 서서히 넣고 계속 저어주면서 은근히 3~4분 정도 끓인다.
- 소금과 흰 후춧가루로 간을 한다.

무화과 타르틴

Fig Tartine

바게트 슬라이스 3개 ┃ **무화과** 90g ┃ **샤워크림** 60g ┃ **바질** 1g(2잎)

1 무화과는 세로 방향으로 0.3cm 두께로 썬다.

2 바게트 슬라이스에 샤워크림을 바르고 무화과를 얹는다.

3 바질을 올려준다.

※ 장식으로 레몬 껍질 부분을 강판에 갈아 올려도 좋다.

※ 무화과를 구하기 어려울 때는 무화과 잼을 이용하여도 좋다.

TIP

무화과 잼 만들기

- 무화과는 깨끗이 씻어서 세로로 잘라 다시 3~4등분한다.
- 냄비에 무화과와 설탕(무화과 양의 70%)을 넣고 끓인다.
- 중간중간 거품을 제거하고 불을 줄여 조린다.
- 잼 병에 담아 냉장 보관한다.

 • **무화과 타르틴** Fig Tartine

오렌지 햄 브루스케타

Orange and Ham Bruschetta

바게트 슬라이스 3개 ┃ **오렌지** 180g ┃ **햄** 25g ┃ **실파** 1.5g ┃ **케이퍼** 4g

오렌지 크림치즈 소스

크림치즈 20g ┃ **오렌지 주스** 18g(1큰술)

만드는 방법

1 오렌지는 껍질을 벗겨 살을 발라낸다.

2 햄은 굵직하게(0.5~0.6cm) 썬다.

3 크림치즈와 오렌지 주스를 잘 섞어 소스를 만든다.

4 빵에 소스를 바르고 오렌지와 햄을 얹는다.

5 실파와 케이퍼를 올려준다.

※ 케이퍼가 없을 때는 실파를 송송 썰어 장식해도 좋다.

연어 크림치즈 토르티야롤

Salmon and Cream Cheese Tortilla Roll

토르티야 1장 | **연어** 120g | **케이퍼** 7g | **홀스래디쉬** 5g | **바질잎** 10g

🍳 크림치즈 소스

크림치즈 40g | **레몬주스** 30g

만드는 방법

1 연어를 얇게 썬다.

2 살짝 구운 토르티야에 크림치즈 소스를 바르고 (1)과 케이퍼, 홀스래디쉬를 얹는다.

3 김밥 말듯이 돌돌 말아 1cm 두께로 썬다.

4 접시에 바질잎을 깔고 (3)을 올려 낸다.

※ 바질잎이 없을 때는 시금치 잎사귀를 사용하여도 좋다.

옥수수 팬케이크
Corn Pancake

팬케이크 가루 150g ┃ **달걀** 1 개 ┃ **우유** 100㎖ ┃ **옥수수(통 조림)** 100g ┃ **어린잎채소** 20g ┃ **토마토** 90g

유자 드레싱

유자차 36g(2큰술) ┃ **레몬주 스** 10g ┃ **물** 30g ┃ **소금** 1g

만드는 방법

1 거품기로 달걀을 휘젓다가 우유를 넣고 휘젓는다.

2 (1)에 팬케이크 가루를 넣고 혼합한다.

3 (2)에 옥수수를 넣어 섞는다.

4 달궈진 팬에 반죽을 국자로 퍼서 살며시 올려놓고 반쯤 익으면 뒤집어 노릇하게 구워낸다.

5 토마토는 반으로 썰어 씨 부분을 제거하고 다시 4~5등분 하여 채소 샐러드와 함께 접시에 담아낸다.

6 드레싱 재료를 모두 혼합하여 유자 드레싱을 만든 다음 (5)에 곁들인다.

코코아 와플

Cocoa Waffle

와플 가루 130g | **코코아 가루**
5g | **물** 200**g** | **휘핑크림** 30g |
바나나 1개

만드는 방법

1 와플 가루 위에 코코아 가루를 체에 쳐서 혼합한다.

2 (1)에 물을 넣고 거품기로 덩어리지지 않게 휘젓는다.

3 달궈진 와플 팬에 반죽을 붓는다.

4 (3)을 3분 정도 굽고 꺼내 접시에 담고 휘핑크림과 바나나 썬
   것을 곁들인다.

※ 물 대신 우유를 사용하여도 좋다.

참치회 컵밥

Tuna Donburi

밥 100g ▮ **참치** 25g ▮ **아보카도** 40g ▮ **깻잎** 10g ▮ **깨소금**

🍶 **초고추장**

고추장 27g ▮ **식초** 14g ▮ **레몬즙** 5g ▮ **설탕** 5g ▮ **물엿** 6g ▮ **다진 마늘** 1g

만드는 방법

1 참치와 아보카도는 사방 1cm 정도로 깍둑썰기한다.

2 깻잎은 채 썬다.

3 컵에 밥을 담고 아보카도, 깻잎, 참치를 얹고 깨소금을 살짝 뿌려준다.

4 초고추장 재료를 모두 혼합하여, (3)에 곁들인다.

※ 기호에 따라 참기름을 첨가하여도 좋다.

※ 기호에 따라 고추장 대신 간장을 사용하여도 된다.

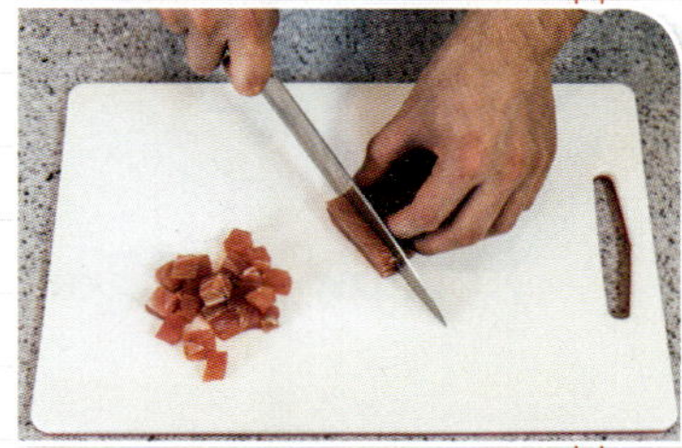

한국식 비프 타르타르

Korean Beef Tartare

쇠고기 육회감 70g | **배** 20g |
잣 2g | **마늘** 1개

양념

다진 파 5g | **다진 마늘** 3g |
설탕 9g | **참기름** 4g | **깨소금**
1g | **소금** 1g | **후춧가루** 0.5g

만드는 방법

1 쇠고기는 육회감을 준비하여 면보에 싸서 핏물을 제거한다.

2 육회 양념 재료를 모두 혼합한다.

3 배는 2cm 길이, 0.3cm 두께로 채를 썬다.

4 (3)을 그릇 밑에 깔고 (1)과 (2)를 혼합하여 담는다.

5 편으로 썬 마늘과 잣으로 장식한다.

TIP

- 배를 먹은 후 뜨거운 물을 마시지 않는다.
- 배의 성질이 차갑기 때문에 더운 것을 함께 먹으면 장을 자극하게 된다.

떡볶이 라자냐
Tteokbokki Lasagna

떡볶이 떡 100g ▍모차렐라
치즈(피자용) 50g ▍토마토 썬
것 35g ▍채를 썬 양파 20g ▍
청·홍고추 어슷하게 썬 것
5g ▍쇠고기 다진 것 20g ▍파
르메산 치즈 가루 20g

토마토소스

토마토홀(통조림) 70g ▍**양파** 20g ▍**마늘** 3g ▍**올리브유** 5g ▍**소금** 1g ▍**후춧가루** 1g

베샤멜소스

밀가루 10g ▍**버터** 10g ▍**따뜻한 우유** 140g ▍**소금** 0.5g ▍**후춧가루** 0.5g

만드는 방법

1 냄비에 2컵의 물을 넣고 물이 끓으면 떡볶이 떡을 1분간 데쳐낸다.

2 토마토소스 만들기
- 팬에 올리브유를 넣고 다진 마늘을 볶다가 양파를 볶는다.
- 다진 마늘과 양파를 볶던 팬에 토마토홀을 넣고 주걱으로 으깨면서 끓이고 소금, 후추로 간을 한다.

3 베샤멜소스 만들기
- 팬에 버터를 넣고 약한 불에서 녹인 후, 밀가루를 넣고 하얀색을 유지하며 저어준다.
- 따뜻한 우유를 넣고 계속 저어주면서 은근히 2분 정도 끓인다.
- 소금과 후춧가루로 간을 한다.

4 오븐용(혹은 전자레인지용) 그릇에 베샤멜소스 → 떡볶이 떡 → 토마토소스 → 채소(토마토, 양파, 청·홍고추)와 쇠고기 → 베샤멜소스 → 모차렐라 치즈를 올린다.

5 오븐(혹은 전자레인지)에 3분 정도 구워낸다.

6 기호에 맞게 파르메산 치즈 가루를 뿌려먹는다.

카르보나라

Carbonara

스파게티면 70g | **소금** 8g |
올리브유 15g | **베이컨** 30g
(2cm 굵기로 썬 것) | **청·
홍고추** 5g | **마늘** 1개 | **생크
림** 180g | **통후추 으깬 것** 3
개 | **파르메산 치즈 가루** 10g
| **달걀노른자** 1개 | **파슬리 가
루** 약간

1 스파게티면은 끓는 물(4컵)에 소금(8g)을 넣고 삶는다. 면끼리 달라붙지 않게 올리브유(15g)를 넣는다. 면을 한 가락 건져 잘라보았을 때 가느다란 심이 남아있는 상태가 알덴테(Al' Dente)이다. 삶은 면은 체에 밭쳐 물기를 뺀다.

2 팬에 통후추 으깬 것을 볶다가 올리브유를 넣고 베이컨을 볶는다.

3 (2)에 어슷하게 썬 청·홍고추와 얇게 편으로 썬 마늘을 넣고 살짝 볶는다.

4 약한 불에서 (3)에 생크림, 파르메산 치즈 가루를 넣고 혼합한 후, (1)을 넣고 그릇에 담는다.

5 (4) 중앙에 달걀노른자를 올려놓고 파슬리 가루를 뿌려준다.

※ 파르메산 치즈 가루로 인해 짜질 수 있으므로 소금간은 나중에 하는 것이 좋다.

모차렐라 튀김

Fried Mozzarella

식빵 2장 | **스트링 치즈** 28g×
2개=56g | **달걀** 9g | **밀가루**
2g | **빵가루** 10g | **튀김용 식
용유**

1 식빵은 가장자리를 잘라내고 밀대로 밀어 얇게 펴 준다.

2 (1) 위에 스트링 치즈를 넣고 돌돌 말아 준다.

3 (2)에 밀가루 → 달걀 → 빵가루를 입혀 튀겨낸다.

※ 식빵은 가장자리를 잘라내고 사용한다.

※ 식빵이 두꺼우면 칼을 옆으로 하여 반 갈라 사용해도 좋다.

리코타 샐러드

Ricotta Salad

리코타 치즈 40g | 어린잎채
소 30g | 오렌지 1/4개

오렌지소스

올리브유 15g | 식초 15g | 간
장 24g | 오렌지 주스 6g | 참
기름 3g | 고운 고춧가루 3g |
오렌지(과육) 30g | 다진 마늘 1g

만드는 방법

1 오렌지소스 재료를 모두 혼합한다.

2 채소에 (1)을 넣고 살살 버무려 접시에 담는다.

3 (2) 위에 리코타 치즈를 올려준다.

4 (3)에 오렌지를 반달형으로 썬 것을 올려준다.

TIP

리코타 치즈 만드는 방법

생크림 2½컵, 우유 5컵, 소금 1작은술, 레몬즙 5큰술

- 생크림과 우유를 약한 불로 잘 저어주며 가열한다.
- 기포가 나기 시작하고 끓으면 레몬즙을 넣어준다(이때 지방과 산
  이 만나 덩어리가 지게 된다).
- 그릇에 체를 받쳐놓고 그 위에 면보를 펴서 앞에서 끓인 것을 넣고
  위쪽은 묶어서 냉장고에 하루 정도 둔다.
- 체 밑으로 유청이 분리되고 면보 안에는 덩어리 형태의 리코타 치
  즈가 남게 된다.

월도프 샐러드

Waldoff Salad

사과 80g **셀러리** 15g **호두** 20g **레몬** ¼개

마요네즈 15g(1큰술) **레몬 주스** 6g(1작은술) **설탕** 3g (½작은술)

만드는 방법

1 사과는 깍둑썰기(1cm×1cm×1cm)하여 레몬 물에 담근다 (변색 방지).

2 셀러리는 섬유질을 제거하여 깍둑썰기(1cm×1cm×1cm)를 한다.

3 호두는 뜨거운 물에 담가 이쑤시개로 껍질을 벗긴다.

4 (1)은 면보에 싸서 수분을 제거하고, 소스 재료를 모두 혼합 하여 소스를 만든다.

5 그릇에 (2), (3), (4)를 넣고 함께 버무린다.

6 (5)를 유리컵에 보기 좋게 담아낸다.

TIP

사과와 당근은 함께 먹지 않는다.

● 당근에는 아스코르빈산 분해 효소가 있어 사과에 들어 있는 비타민 C를 파괴시킨다.

자몽 그라니타

Grapefruit Granita

자몽(살 발라낸 것) 50g ┃ **민트잎** 1g

🍳 **사바용 소스**

달걀노른자 1개 ┃ **설탕** 25g ┃
화이트와인 8g(1큰술)

만드는 방법

1 자몽은 깨끗이 씻어 윗부분과 아랫부분을 잘라내고 측면으로 껍질을 제거한다.

2 섬유질 사이사이로 자몽 살을 도려낸다.

3 믹싱볼에 달걀노른자와 설탕을 넣고 섞어준다.

4 따뜻한 물이 담긴 그릇에 (3)을 걸쳐놓고 거품기로 저으면서 화이트와인을 조금씩 넣어준다.

5 (2)를 접시에 담고 사바용 소스(4)를 얹어준다.

6 토치로 색을 내도 좋다. (선택사항)

7 민트잎을 올려낸다.

※ 사바용(sabayon)이란?

　　달걀노른자와 설탕 등을 혼합해 만드는 소스

※ 딸기를 사용하여도 매우 좋다.

※ 마르살라 와인(Marsala Wine)을 사용하여도 매우 좋다.

모카 판나코타

Mocha Panna Cotta

생크림 200g | **우유** 200g | **설탕** 50g | **커피 가루** 8g | **젤라틴** 5g | **슈가파우더** 약간

만드는 방법

1 생크림, 우유, 설탕을 냄비에 넣고 약한 불에서 거품기로 저으면서 끓인다.

2 커피 가루를 (1)에 넣고 거품기로 저어준다.

3 젤라틴은 찬물(2큰술)에 불려, 물기를 제거하여 (2)에 넣고 한번 끓어오르면 불을 끈다.

4 알맞은 컵 혹은 틀에 (3)을 붓는다.

5 (4)를 냉장고에서 식혀 굳힌 후 꺼내어 슈가파우더를 체에 뿌려 마무리한다.

※ 젤라틴은 꼭 찬물에 불리도록 한다.

※ 판나코타 틀을 미지근한 물에 담갔다가 엎어 꺼내어 접시에 담아내도 좋다.

아로니아 요거트

Aronia Yogurt

요거트 230g | **아로니아(반건
조)** 5g | **꿀**

1 요거트와 아로니아를 믹서기에 넣고 간다.

2 (1)을 요거트 용기에 담는다.

※ 단맛을 원하면 꿀을 넣어준다.

※ 아로니아 대신 블루베리, 복분자 등을 이용하여도 좋다.

키위 셰이크

Kiwi Shake

키위 130g | **우유** 100㎖ | **바닐라 아이스크림** 100g

만드는 방법

1 키위는 껍질을 벗겨 썬다.

2 접시에 키위를 한두 조각 남겨놓고 (1)과 바닐라 아이스크림, 우유를 믹서기에 넣고 간다.

3 (2)를 주스 잔에 담고 얇게 썬 키위로 장식한다.

※ 단맛을 원하면 꿀을 넣어준다.